Frank und Katrin Hecker

Bäume & Sträucher

entdecken & erforschen

Ulmer

Naturführer für Kinder

Hallo, lieber Baumfreund
und liebe Baumfreundin,

ich bin **Felix, der schlaue Fuchs**. Bestimmt ist es dir schon oft passiert, dass du Blätter, Blüten oder Früchte von Bäumen und Sträuchern entdeckst, die du nicht kennst. Oft wissen auch die Erwachsenen nichts über sie und können dir nicht weiterhelfen. Dabei ist es immer spannend, über die Bäume und Sträucher um uns herum Bescheid zu wissen!

In diesem Buch zeige ich dir, wie du herausfinden kannst, welchen Baum oder Strauch du vor dir hast. Dann geht der Spaß erst richtig los. Denn obendrein verrate ich dir viele Geheimnisse, Rezepte und Naturwunder rund um deinen Baum oder Strauch.

Und nun viel Spaß beim Stöbern und Bestimmen!

Baumforscher-Wissen

Baumhöhlen sind tolle Verstecke.

Der Stoff, aus dem die Bäume sind

Was unterscheidet Bäume und Sträucher von allen anderen Pflanzen auf der Erde? Es ist nur ein einziger, einmaliger und großartiger Stoff, der den Unterschied ausmacht: das Holz!

Uralt und mächtig dick Ihre Stämme aus Holz haben es den Bäumen möglich gemacht, mancherorts auf der Welt zu über 100 m hohen Riesen heranzuwachsen und ein Alter von fast 5000 Jahren zu erreichen! Das können Blumen und Gräser mit ihren feinen, biegsamen Stängeln nicht schaffen. Aber wie kommt denn das Holz in den Baum?

Direkt unterhalb der Rinde liegt im Baumstamm eine einzigartige, dünne Schicht aus lebenden Zellen, die in den Sommermonaten ständig neue Zellen bildet. Diese Schicht wird von Wissenschaftlern „Kambium“ genannt. Nach innen gibt das Kambium Holzzellen ab und nach außen Rindenzellen. So wird der Baumstamm ständig dicker, bis er irgendwann sein Höchstalter erreicht hat, morsch wird und schließlich umkracht.

Und woraus ist Holz? Holz besteht wie alle anderen Pflanzenstängel auch aus ganz vielen Pflanzenzellen. Nur sind die Wände der Holzzellen ganz besonders fest und stabil. Denn sie enthalten einen besonders festen Baustoff, der „Lignin" heißt. Dieses Lignin ist der wichtigste Grundbaustein vom Holz. Ohne ihn könnte es keine Bäume geben.

Was sagen uns die Jahresringe? In unserem Klima können Bäume nur in den Sommermonaten wachsen. Jeden Sommer wächst der Baum ein ganzes Stück in die Höhe und sein Stamm wird ein Stückchen dicker. So kommt es zur Ausbildung von Jahresringen, die du auf einer Baumscheibe ganz genau erkennen kannst. Jeder breite Ring steht für das Dickenwachstum im Sommer, das durch eine dunkle, schmale Linie begrenzt wird: Das ist die Zeit der Winterruhe, in der ein Baum nicht wächst. So kannst du anhand der Ringe zählen, wie alt der Baum war!

Ist Totholz wirklich tot? Wenn ein Baum abstirbt, dann wird sein Holz im Laufe vieler Jahre schließlich wieder zu Erde. Daran sind verschiedene Pilze und auch Tiere beteiligt, die das Holz zernagen und auffuttern. Totholz ist ein wichtiger Lebensraum für viele Tiere wie zum Beispiel für die Larven des bedrohten Hirschkäfers. Schau einmal selbst, wie viele verschiedene Tiere du in einem morschen Baumstamm entdecken kannst!

Fühl mal: Jede Rinde ist anders!

Kostbare Rinde

Ohne seinen hölzernen Baumstamm wäre ein Baum ja kein Baum. Doch sein wertvolles Holz ist empfindlicher, als man denkt. Es darf nicht nass werden und auch nicht direkt in der Sonne stehen, sonst wird es entweder morsch oder es trocknet aus und ist dann nicht mehr stabil. Außerdem wird Holz gern von Pilzen befallen und von Tieren angenagt, was den Tod eines Baumes bedeuten kann. Deshalb braucht der Baumstamm einen Schutz – seine Rinde! Sie schützt das Holz gegen Nässe, Hitze, Sonnenstrahlen und gegen Angriffe von Pilzen und Tieren.

Natur-Pflaster und Kaugummi Wird die Rinde eines Baumes verletzt, so tritt aus dem Riss bald eine zähe, gelbe und stark riechende Flüssigkeit, die an der Luft nach und nach erstarrt. Sie heißt Harz und dient dem Baum als natürliches Pflaster, damit keine Keime oder Nässe durch den Ritz dringen können. Dieses Harz ist in den Bäumen immer in bestimmten Kanälen, die sich durchs Holz ziehen, vorhanden und wird nur bei Bedarf nach außen geschickt. Wie man durch archäologische Funde weiß, nutzten Steinzeitmenschen das Harz von Birken als Kaugummi, und auch unsere ersten Kaugummis enthielten als Grundstoff Fichtenharz! Weil Baumharz unglaublich gut klebt und durch Wasser oder Schweiß nicht abgeht, benutzen es Handballer zum Einreiben ihrer Hände – so haftet der Ball besser!

Schiff ahoi! Baumrinde ist so leicht, die schwimmt sogar auf Wasser. Zum Bau eines Rindenschiffchens brauchst du nur ein Stückchen Rinde (findest du am Waldboden), ein Stöckchen, ein großes Blatt und Gräser zum Festbinden. Bohre mit einem spitzen Stöckchen ein Loch in die Rinde und stecke einen Ast als Segelmast hinein. Nun piekst du zwei Löcher in das Blatt und fädelst es über den Segelmast. Zur Stabilität kannst du auch noch Gräser drumherum knoten und die Fahrt über's Wasser kann losgehen!

In diesem Eichenblatt liegen viele Kraftwerke.

Millionen kleiner Kraftwerke

Ohne Blätter könnte ein Baum nicht leben und wachsen. Denn in seinen Blättern stellt er die Grundstoffe für sein Holz, die Rinde und Wurzeln her. Für uns Menschen leistet ein Baum dabei unschätzbare Dienste: Über kleine Öffnungen an der Unterseite seiner Blätter saugt er schlechte Luft (Kohlendioxid) ein und wandelt diese in den Blättern zu Sauerstoff um, den wir Menschen zum Atmen brauchen. Auch die schützende Ozonschicht, die unsere Erde umgibt, besteht aus Sauerstoff. Sie schützt das Leben auf der Erde vor schädlichen Strahlen.

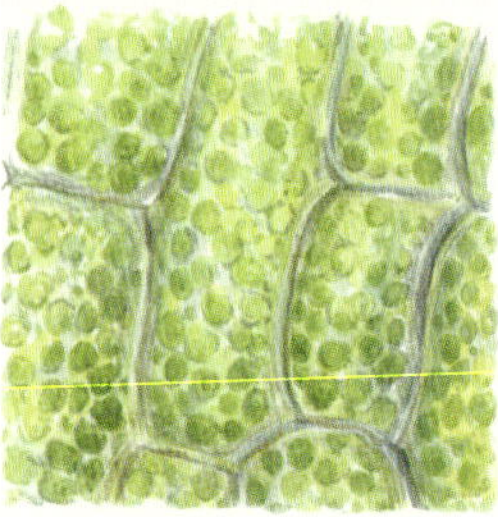

Grün ist das Leben Unter dem Mikroskop siehst du in einer Pflanzenzelle lauter grüne Punkte, die sogenannten Chloroplasten. Das sind die wichtigsten Fabriken unserer Erde, denn nur sie sind in der Lage, unter Nutzung des Sonnenlichts energiereiche Stoffe wie Zucker und Stärke herzustellen. Dazu brauchen sie bloß Wasser und ein paar Nährsalze, die der Baum mit den Wurzeln aus der Erde saugt, außerdem Kohlendioxid (CO_2) aus der Luft und viel Sonnenlicht. Aus diesen Zutaten bauen sie Holz, Knospen und Blätter auf. Diesen Vorgang bezeichnet man als „Fotosynthese“. Chloroplasten sind übrigens die saubersten Fabriken der Welt: Ihre „Abfallstoffe“ sind bester Luftsauerstoff und reines Wasser!

Warum werden die Blätter gelb?

Im Herbst werden die Blätter der Laubbäume gelb, orange, rot oder braun. So bereitet sich der Baum auf den Winter vor: Die wertvollen grünen Farbstoffe hat der Baum aus seinen Blättern herausgezogen – übrig bleiben nur noch Rot- und Brauntöne. Die grünen Farbstoffe speichern Bäume bis zum nächsten Frühling in ihrem Holz. Die orange-braunen Blätter brauchen sie nicht mehr und werfen sie ab. Das ist besser so, weil es im Winter, wenn die Böden gefroren sind, nicht mehr genug Wasser zu trinken gibt. Blätter brauchen aber viel Wasser. Sonst müssten unsere Laubbäume im Winter verdursten.

So viel Atemluft

Eine 100-jährige Buche gibt mit ihren 500 000 Blättern pro Stunde 1,7 kg Sauerstoff an die Luft ab. Das ist soviel, wie 50 Menschen brauchen, um eine Stunde lang zu atmen.

Baum- und Strauchrezepte

Nuss-Schoko-Aufstrich Aus selbst gesammelten Haselnüssen kannst du dir ganz einfach deinen eigenen Brotaufstrich mixen.

Du brauchst: 100 g Butter, 100 g Haselnusskerne (ungeschält sind das etwa 2 Hände voll Nüsse), 1 Esslöffel dunkles Kakaopulver, 1 Esslöffel Honig, 1 Esslöffel Zucker, 1 Vanillezucker, Nussknacker, Handmühle oder Elektromixer zum Mahlen der Nüsse, Kochtopf und Kochlöffel, 1 sauberes Marmeladenglas

Knacke die Nüsse und mahle sie fein (in der Küchenmaschine). Gib alle Zutaten in einen Kochtopf und erhitze die Masse auf kleiner Flamme, bis alles miteinander verschmilzt. Fülle die Creme noch warm ins Glas und verschließe es. Im Kühlschrank aufbewahrt ist die Creme gut 2 Wochen lang haltbar.

Holunder-Apfel-Punsch Aus Holunderbeeren (Seite 74) kannst du einen wunderbar wärmenden Punsch bereiten. Der schmeckt und vertreibt jede Erkältung!

Du brauchst für 4 Kinder: Etwa einen halben Eimer voll Holunderdolden, 3–4 Äpfel, 1 l Apfelsaft, 1 Esslöffel Zucker, 1/2 Teelöffel Zimt, Kochtopf, Kochlöffel und Sieb.

Entferne mit einer Gabel grob die Stängel von den Holunderdolden und gib sie mit dem Apfelsaft in einen Kochtopf. Schäle die Äpfel und schneide sie in Stücke. Gib Apfelstücke, Zimt und Zucker in den Topf und köchle den Punsch 10 Minuten lang auf kleiner Flamme. Durch ein Sieb in Becher füllen und so heiß wie möglich trinken.

Kastanienseife

Im Inneren von Kastanien stecken richtige Seifenstoffe: Die schäumen und machen deine Hände sauberer und weicher als jede herkömmliche Seife!

Du brauchst: 10 Kastanien, 1 Schüssel, Nussknacker, Messer und Brettchen, 1 l Wasser

Knacke die harte, braune Kastanienschale mit dem Nussknacker. Das helle Innere der Kastanien schneidest du in kleine Stücke und gibst sie in die Schüssel. Gieße das Wasser darüber und rühre kräftig um – fertig ist dein Seifenwasser. Siehst du, wie das schäumt?

Fichtennadelbad

Das tut gut bei Erkältungen: Gib 2 Hände voll Fichtensprosse (Zweigspitzen) in einen großen Topf mit Wasser. Langsam zum Kochen bringen und gleich die Flamme wieder ausstellen. Ziehen lassen, bis es nur noch handwarm ist und durch ein Sieb ins Badewasser gießen.

So findest du deinen Baum oder Strauch im Buch

Was dir meist zuerst auffällt, wenn du einen Baum oder Strauch siehst, sind bestimmt seine Blätter. Damit du deinen Baum oder Strauch schnell im Buch findest, sind sie nach der **Blattform** in 5 Gruppen unterteilt. Die Gruppen erkennst du an ihrem Farbbalken und Blattform-Symbol oben auf jeder Seite.

Neben der Blattform ist die **Größe der Blätter** ein wichtiges Bestimmungsmerkmal. Deshalb findest du sie gleich oben auf jeder Seite neben dem Farbbalken.

Das bunte **Jahresrad** verrät dir, wann der Baum oder Strauch blüht und zu welcher Zeit er Früchte trägt.

Auch der **Lebensraum** liefert dir wichtige Hinweise zum Bestimmen. Neben dem Foto zeigen dir kleine Zeichnungen, wo dein Strauch oder Baum überall wächst.

Felix, der schlaue Fuchs, verrät dir noch mehr: Welche Früchte sind essbar, welche giftig? Warum kann man am Waldboden niemals Tannenzapfen finden? Welcher Baum hält den Höhenrekord und mit welchen Sträuchern lassen sich Wildtiere anlocken?

Achtung, giftig! WICHTIG! Iss niemals Blätter oder Früchte, ohne vorher einen Erwachsenen zu fragen. Manche Pflanzen sehen harmlos aus und sind doch hochgiftig! Dieses Giftsymbol sagt dir: Achtung, giftige Pflanze!

Bäume und Sträucher bestimmen

Heidekraut

Typisch Wächst auf sandigen Böden, in Heiden, Mooren und in nicht so dichten Nadelwäldern.

Zeigt karge Böden Bis 50 cm hoher Zwergstrauch mit kleinen, nadelartigen Blättern. In manchen Landstrichen bedeckt das Heidekraut große Flächen. Daran kannst du erkennen, dass der Boden hier arm an Nährstoffen und trocken sein muss, denn sonst würde das Heidekraut von schneller wachsenden Sträuchern überwuchert werden. Das Heidekraut wächst zwar langsam – kommt dafür aber mit kargen Böden gut zurecht.

Heidehonig

Wenn im August das Heidekraut blüht, dann locken seine unzähligen, winzigen Blüten viele Insekten an, darunter auch viele Honigbienen. Der Honig aus dem Nektar des Heidekrauts hat eine ganz eigene, rötliche Färbung und Heidehonig schmeckt auch anders als jeder andere Honig.

Viel Nektar für Bienen!

Krähenbeere

Typisch Nadelförmige Blätter (anders als Heidelbeere, Seite 39) und schwarze Beeren.

Wo kein Wald wächst Bis 60 cm hoher Zwergstrauch, der besonders da häufig wächst, wo Bäume sich nicht wohl fühlen. So ist die Krähenbeere in der Tundra im Norden und über der Waldgrenze in den Bergen häufig. Auch in Dünengebieten in Küstennähe sind manche Landstriche ganz von Krähenbeere bewachsen. Die schwarzen Früchte gelten zumindest roh als schwach giftig, werden in nordischen Ländern jedoch oft gekocht gegessen.

Oft übersehen: die Blüten der Krähenbeere.

Seehundspeck und Dorschleber

Wo nicht viel Gemüse und Obst wächst wie hoch oben im Norden auf Grönland, da kann man nicht wählerisch sein. So werden dort gekochte Krähenbeeren als Beilage zu sonst eher aus Fleisch und Fisch bestehenden Mahlzeiten wie Seehundspeck und Dorschleber sehr geschätzt.

1–2 cm

Wacholder

Typisch Meist in Heiden, braucht viel Licht. Mit dunkelblauen Beeren.

Überlebenskünstler Dem Wacholder genügen zum Wachsen sandige, nährstoffarme Böden, doch er braucht viel Sonne. Deshalb wächst er nicht gern im Wald, sondern eher in offenen, trockenen Sandgebieten, in denen es den meisten anderen Bäumen viel zu karg ist. Die blauen Früchte werden als Gewürz zum Kochen benutzt, aber roh sind sie schwach giftig.

Dünne Opas

Ein 10 Jahre alter Wacholder ist meist nur 1 m hoch. Auch sein Stamm wird jedes Jahr nur etwa 1 mm dicker. So ist ein Wacholder mit einem 30 cm dicken Stamm manchmal schon viele hundert Jahre alt. Wacholder kann sehr lange leben: 500–2000 Jahre sind für ihn ganz normal.

Der Wacholder wächst wie eine Säule.

Lebensbaum

Typisch Ein Baum, dessen Krone meist schon unten am Boden beginnt. Mit flach ausgebreiteten Zweigen und kleinen, eiförmigen Zapfen.

Indianerhütten und -boote Wir kennen den Lebensbaum in Europa nur als ziemlich langweilige Garteneinfassung. Doch in seiner Heimat im wilden Kanada wächst der Lebensbaum ganz anders! Unzugängliche Seen, Felswände und rauschende Flüsse begleiten hier den Lebensbaum. Von den Indianern wurde das sehr haltbare, rötliche Holz gern zum Bau von Hütten und Booten benutzt.

Schuppenförmige, dachziegelartig angeordnete Nadeln.

In Form gebracht

„Lebensbaum" heißt er, weil er auch im Winter noch frischgrün aussieht, eben wie das pralle Leben. Bei uns darf der Lebensbaum allerdings kaum irgendwo wachsen, wie es ihm gefällt. Fast überall wird er regelmäßig gestutzt und ordentlich in Form geschnitten.

2–3 cm

Eibe

Typisch Dunkelgrün glänzende, flache und sehr biegsame Nadeln und leuchtend rote Früchte.

Die den Schatten liebt Meist bis 15 m hoher Baum. Eiben wachsen gern im Schatten anderer Bäume, am liebsten da, wo der Boden gut mit Wasser versorgt ist. Als unser Land noch von Urwäldern bedeckt war, da standen im Unterwuchs überall viele, uralte Eiben. Heute findest du sie in freier Natur nur noch in kleinen Naturwald-Resten oder angepflanzt in Parks und Gärten. Achtung! Alle Teile der Eibe sind für Menschen extrem giftig!

Auf der Mauer ist eine kleine Eibe herangekeimt.

Amseln als Förster

Vögel können Bäume und Sträucher pflanzen. Hier hat die Amsel erst Eibenfrüchte gefuttert und dann den Samen mit ihrem Kot wieder ausgeschieden. Der Same konnte, versehen mit einer Portion Dünger, zu einem neuen Baum heranwachsen.

Kiefer

Typisch Lange Nadeln, immer in Zweierpaaren.

Riesenbrokkoli Kiefern fallen unter den Nadelbäumen schon von weitem mit ihrer schirmförmigen Baumkrone auf. Sie sehen damit aus wie Riesenbrokkoli in der Landschaft. Auch ihre langen Nadeln sind leicht von Tannen- und Fichtennadeln zu unterscheiden. Die Zapfen der Kiefern sind rundlich-eiförmig, und öffnen sich nur bei Trockenheit. Dann klaffen ihre Zapfenschuppen weit auseinander und entlassen die Samen.

Eine Kiefer wird angeritzt, um Harz zu gewinnen.

Was ist Harzen?

Wird ein Nadelbaum verletzt, so bildet er an der Wunde klebriges, zähes Harz aus, um sie damit zu verschließen. Dieser Harz wird auch von Menschen benutzt, um daraus Heftpflaster herzustellen. Beim Harzen wird der Baum angeritzt und das austretende Harz gewonnen.

2–4 cm

Douglasie

Typisch Jede Zapfenschuppe trägt 3 lange, gut sichtbare Zipfel. Dadurch sehen die Zapfen fransig aus.

Nicht Fichte, nicht Tanne Meist bis 60 m hoher Baum. Die Douglasie hat weiche und flache Nadeln, die an der Spitze gerundet sind. Beim Abfallen oder Abzupfen der Nadeln bleibt eine rundliche Narbe zurück wie bei der Tanne (nicht ein Höcker wie bei der Fichte). Ihre Zapfen hängen an den Zweigen wie bei der Fichte (bei der Tanne stehen sie aufrecht) und fallen schließlich als Ganzes vom Baum.

Waldtraut ist die Höchste

Der höchste Baum Deutschlands ist die Douglasie „Waldtraut vom Mühlenwald“. Die 90-jährige Dame steht im Stadtwald von Freiburg im Breisgau und misst 63,33 m. Der höchste Baum der Welt ist ein 115,55 m hoher Mammutbaum im kalifornischen Sequoia-Nationalpark.

Borke junger Bäume mit Harzbläschen, später tief gefurcht.

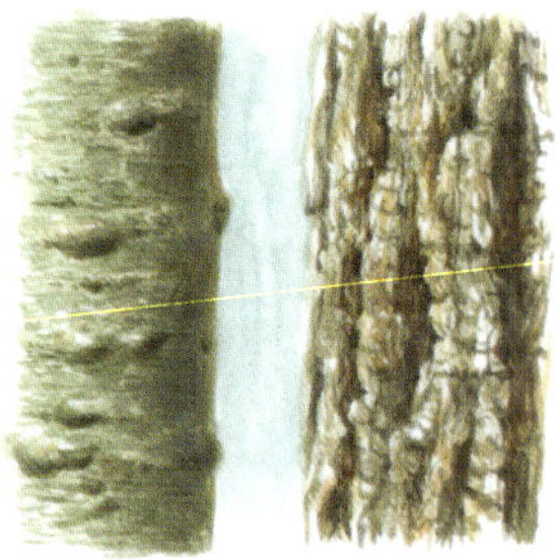

Lärche

Typisch Unser einziger Nadelbaum, dessen Nadeln sich im Herbst goldgelb verfärben und dann abfallen.

Nadelbüschel Die Nadeln der Lärche sind leicht von anderen Nadelbäumen zu unterscheiden, denn sie stehen immer in dichten Büscheln von 20–40 Stück zusammen. Da die Lärche ihre Nadeln im Winter abwirft, sind die neu ausgetriebenen Nadeln im Frühjahr noch ganz zart und hellgrün. Im Verlauf des Sommers werden sie aber immer fester und dunkler. Lärchenholz enthält viel Harz und ist deshalb sehr wetterfest.

Die Äste tragen immer neue und alte Zapfen nebeneinander.

Da sind immer Zapfen dran

Lärchenzapfen sind eiförmig und nicht länger als dein kleiner Finger. Sind die Samen ausgeflogen, so verbleiben die Zapfen immer noch an den Ästen. Erst wenn die Äste selbst nach 5–10 Jahren brüchig werden und abfallen, gelangen mit ihnen auch die Zapfen auf den Boden.

2–3 cm

Weiß-Tanne

Typisch Nadeln unterseits mit 2 weißen Streifen. Zapfen fallen nicht vom Baum!

Fichte sticht, Tanne nicht Fasst du mit bloßen Händen in eine Weiß-Tanne, so piekst das nicht, denn Tannen haben weiche, vorn abgerundete Nadeln. Ganz anders fühlt sich das bei der Fichte an! Die Nadeln sind am Tannenzweig meist sehr ordentlich gescheitelt. Zupfst du eine Nadel ab, so bleibt nur eine rundliche Narbe zurück. Ein entnadelter Tannenzweig fühlt sich deshalb glatt an (vergleiche Fichte).

Aufrecht stehende Zapfen, die nach der Reife am Baum zerfallen.

Tannensterben

Kein anderer Baum ist in den letzten 200 Jahren bei uns so selten geworden wie die Weiß-Tanne. So sind bereits 90 Prozent der Tannenwälder verloren gegangen. Wissenschaftler forschen noch nach den Ursachen. Sicher ist aber, dass Tannen empfindlich gegenüber Luftverschmutzung sind.

Fichte

Typisch Spitze, stechende Nadeln, Zapfen fallen als Ganzes vom Baum.

Fliegende Samen Bis 50 m hoher Baum. Die stechenden Nadeln der Fichte sind schraubig um den Zeig herum angeordnet. Zupfst du eine Nadel ab, so bleibt immer ein kleiner Höcker zurück. Deshalb fühlt sich ein entnadelter Fichtenzweig im Unterschied zum Tannenzweig auch rau wie eine Feile an. Die Fichtenzapfen hängen an den Zweigen nach unten. Sie öffnen sich nur bei Trockenheit, dann fliegen ihre geflügelten Samen propellerartig zu Boden.

Wo hat der Zapfen seine Samen versteckt?

Warum findet man nie Tannenzapfen?

Tannenzapfen am Waldboden gibt es schlichtweg nicht, da die Tanne ihre Zapfen nicht als Ganzes abwirft. So kann keiner Tannenzapfen am Waldboden sammeln. Es sind garantiert Fichten-, Kiefern- oder Douglasienzapfen, denn nur diese werfen ihre Zapfen als Ganzes ab.

bis 3 cm

Preiselbeere

Typisch Kleine Sträucher mit erbsengroßen, roten Früchten am Waldboden.

Die zweimal blüht Bis 30 cm hoher Zwergstrauch, der auch im Winter grüne Blätter trägt. Preiselbeeren wachsen bevorzugt in Mooren, Heiden und in lichten Nadelwäldern. Besonders in Bergwäldern findest du häufig Preiselbeersträucher, die den Waldboden bedecken. Preiselbeeren blühen oft zweimal im Jahr: einmal im Mai/Juni und ein zweites Mal im August/September. Reife Beeren findest du ab September.

Mit rosa Blütenglöckchen.

Nur kurz kochen!

Preiselbeeren schmecken lecker als Marmelade zu Pfannkuchen, viele schätzen sie aber auch als Beilage zu Fleischgerichten. Bei der Zubereitung von Marmelade solltest du darauf achten, die Früchte nur so lange zu kochen, bis die Schale platzt, denn längeres Kochen lässt sie bitter schmecken.

Schneebeere

Typisch Unverwechselbare, weiße Beerenfrüchte, die in Knäueln wachsen.

Knallerbsen Bis 3 m hoher Strauch. Die Schneebeere heißt so wegen ihrer weißen Früchte, die aussehen wie Mini-Schneebälle. Vielleicht kennst du sie eher unter dem Namen „Knallerbsen“: Wirfst du sie fest auf Asphalt oder Steine, so platzen sie mit einem netten Knall, weil ihr Inneres mit einem schaumigen, luftgefüllten Gewebe gefüllt ist. Händewaschen hinterher nicht vergessen, denn die Früchte gelten als schwach giftig!

Mit kleinen, hellrosa Blütenglöckchen.

Aus Amerika

Die Schneebeere ist ursprünglich in Nordamerika zuhause und wurde vor über 100 Jahren als Gartenstrauch nach Europa eingeführt. Überall da, wo die Böden eher karg sind, breitet sich die anspruchslose Schneebeere rasch aus und bildet dichte Hecken.

2–8 cm

Mistel

Typisch Giftig! Kugeliger, bis 1 m großer, immergrüner Strauch, der immer auf anderen Bäumen wächst.

Ganz schön frech Misteln haben sich einen guten Trick ausgedacht, um ohne allzu großen Aufwand möglichst weit oben im Sonnenlicht wachsen zu können und trotzdem genügend Nährsalze und Wasser zur Verfügung zu haben. Sie wachsen einfach auf anderen Bäumen! Landet eine Mistelbeere auf einem Ast und keimt, so schiebt die wachsende Mistel ihre Wurzeln durch die Rinde ins Holz des Baumes und zapft seine Vorräte an!

Miraculix' Druidenmix

Was genau er in seinen sagenhaften Zaubertrank mischt, der auf bestimmte Zeit unbesiegbar macht, das verrät Miraculix, der Druide, natürlich niemals. Nur ein Hauptbestandteil ist bekannt: die Mistel! Probiere aber nicht, es nachzukochen, denn Misteln sind giftig!

Zapft mit ihren Senkwurzeln andere Bäume an.

Wald-Geißblatt

Typisch Schlingt sich an Bäumen und Zäunen empor wie eine Liane. Im Herbst mit roten, erbsengroßen Beeren.

Schöner Würger Bis 10 m hoch windender Strauch, der so lange über den Waldboden kriecht, bis er etwas gefunden hat, woran er emporranken kann. Das können andere Büsche sein, aber auch Mauern oder Bäume. Zuerst nimmt er den anderen Büschen mit seinem Laub das Licht, schließlich schlingt er sich so fest drumherum, bis sie manchmal sogar eingehen. Auch im Garten ist das Geißblatt wegen seiner schönen Blütenranken beliebt.

Überwächst andere Büsche und Bäume.

Für Nachtschwärmer

Die zahlreichen Blüten duften in der Abenddämmerung besonders intensiv. Mit diesem Duft locken sie Nachtschmetterlinge an, die mit ihren langen Rüsseln den süßen Nektar aus den Blüten schlürfen. Dann sind auch Fledermäuse nicht mehr weit: Sie jagen die Nachtfalter!

bis 8 cm

Sanddorn

Typisch Knallorange Früchte, die auch im Winter noch am Strauch hängen. Lange, schmale Blätter, oben graugrün, unten silbrig weiß (nicht verwechseln mit Feuerdorn, S. 41).

Orangen des Nordens Bis 10 m hoher Strauch oder Baum. Probier mal eine Sanddornbeere frisch vom Strauch: Das ist fast, als würde man in eine Zitrone beißen – so sauer sind sie. Und ebenso gesund. Sanddornbeeren enthalten sogar noch mehr Vitamin C als Zitronen und Orangen! Deshalb werden sie auch gern zu Marmeladen, Säften, Brotaufstrichen oder zu Soßen verarbeitet.

Salzig, sandig, dornig

Wo andere Sträucher nicht mehr wachsen können, da fühlt sich der Sanddorn so richtig wohl: An sandigen Küsten mit salzigen Böden und viel Wind – Hauptsache, es ist schön sonnig! Mit seinem dornigen Astwerk bietet er Vögeln Schutz und Nistmöglichkeiten.

Typisch an der Küste.

Seidelbast

Typisch Sehr giftig! Blüht direkt am Stängel schon ab Februar an den ersten Vorfrühlingstagen.

Nicht anfassen! Bis 1 m hoher Strauch. Am auffälligsten ist der Seidelbast, wenn er im kahlen Winterwald seine lila Blüten öffnet. Obwohl er kaum 1 m hoch wächst, ist er dann nicht zu übersehen. Bitte fasse den Strauch nicht an: schon die Berührung seiner giftigen Rinde kann Brandblasen verursachen und die Gifte gelangen über die Haut ins Innere deines Körpers! Bereits wenige seiner roten Früchte rufen beim Menschen tödliche Vergiftungen hervor.

Giftige Beeren wachsen direkt am Zweig.

Insektenliebling

Die lilafarbenen Blüten des Seidelbast erscheinen bereits vor den grünen Laubblättern und sitzen dicht gedrängt direkt am holzigen Stängel. Die Blüten tragen 4 Blütenblätter und verströmen einen intensiven Duft, mit dem sie Schmetterlinge und Hummeln anlocken.

1–2 cm

Buchsbaum

Typisch Beliebt in Gärten und Parks als Beeteinfassung oder kugelig in Form geschnitten.

Eine Hecke aus Buchs Immergrüner Strauch, meist nicht höher als 1 m. Du erkennst ihn an seinen eiförmigen, oberseits dunkelgrün glänzenden Blättern und an den jungen Ästen: Sie sind grün und haben 4 Kanten. Buchsbaum-Hecken findest du in den prächtigsten Parks der Erde, und auch in Bauerngärten sind sie sehr beliebt. Bitte um die Zweige nach einem Rückschnitt und ziehe deine eigene Buchshecke daraus – hinterher Hände waschen, Buchs ist giftig. So geht es:

Aus Stecklingen gezogen

Schneide 10 cm lange Zweige und entferne die unteren Blätter (hier wachsen die neuen Wurzeln). Stecke sie im Abstand von 5 cm in einen mit Erde gefüllten Blumenkasten. Regelmäßig gießen nicht vergessen und im nächsten Frühjahr draußen einpflanzen.

Buchsbaum lässt sich in alle möglichen Formen stutzen.

Liguster

Typisch Giftig! Meist als Hecke zur Gartenbegrenzung gepflanzt. Wächst aber auch wild an Waldrändern und in Gebüschen.

Weiße Blüten, schwarze Früchte Bis zu 7 m hoher Strauch, der seine Blätter im Herbst abwirft. Es gibt aber auch zahlreiche Gartenzüchtungen, die ihre Blätter auch über den Winter behalten. Die Blätter sind lang, schmal und fühlen sich ledrig an. Im Sommer trägt der Liguster viele winzige, weiße Blüten, die in dichten Rispen angeordnet sind. Im Herbst hängt er voller schwarzer, erbsengroßer Beeren.

Liguster lässt sich gut zurückschneiden.

Wann schneiden?

Vom 1. März bis zum 30. September dürfen keine Hecken und Gebüsche geschnitten werden, weil dann ja Brutzeit unserer Vögel ist. Kleine Formschnitte sind trotzdem erlaubt – natürlich nur, wenn kein Vogel in der Hecke brütet oder Küken im Nest hat!

8–10 cm

Flieder

Typisch Herzförmige Blätter und prächtige, meist lilafarbene Blütenrispen im Frühjahr.

Parfümstrauch Bis zu 7 m hoher Strauch oder kleiner Baum. Bei uns ist kommt der Flieder nur als Garten- oder Parkbaum vor, denn er ist hier nicht heimisch. Ursprünglich ist er in Südosteuropa und in Asien zuhause. Auffällig sind im Frühjahr seine bis zu 20 cm langen, aufrechten Blütenrispen, die intensiv süß duften. Es gibt viele verschiedene Züchtungen, die lila, rosa oder weiß blühen. Der Flieder duftet so toll, dass aus seinen Blüten Parfüm hergestellt wird.

Nicht verwechseln!

Hast du schon einmal von „Fliederbeeren“ gehört? Verwirrenderweise sind damit nicht die Früchte des Flieders gemeint, denn in unserem Klima bildet er meist keine reifen Früchte aus. Gemeint sind damit die Früchte des Holunderstrauchs (Seite 74). Korrekt heißen diese aber „Holunderbeeren“.

Fliederblüten sind einfach unwiderstehlich!

Schmetterlingsflieder

Typisch Duftende Blütenrispen im Hochsommer. Blüht weiß, gelb, orange, rosa, purpurrot oder lila.

Raupen nicht vergessen! 3–5 m hoher Strauch. Wer Schmetterlinge anlocken möchte, der pflanzt einen Schmetterlingsflieder. Sein Duft zieht Schmetterlinge magisch an; in den Blüten finden sie viel süßen Nektar. Wer Schmetterlingen dauerhaft helfen möchte, lässt auch eine „wilde Ecke“ im Garten, wo Brennnesseln, Disteln und wilde Himbeeren wuchern dürfen: Das ist die Leibspeise der meisten Schmetterlings-Raupen!

Seine Blüten sind ein Magnet für Schmetterlinge.

Schmetterlingsflieder eine Plage?

So schön der Schmetterlingsflieder auch ist: in manchen Ländern ist der beliebte Gartenstrauch in freier Natur mittlerweile zur echten Plage geworden. So breitet er sich an vielen Flussufern in der Schweiz ungehindert aus und verdrängt hier die vielfältigen heimischen Sträucher.

10–15 cm

Tulpen-Magnolie

Typisch Blüht im Frühling weißrosa bis rosarot in Gärten und Parks.

Wild aus China Bis 10 m hoher Strauch oder Baum. Weltweit gibt es rund 150 verschiedene Arten von Magnolien, doch in Europa kommen sie nur angepflanzt in Gärten und Parks vor. Die bei uns am häufigsten gepflanzte Tulpen-Magnolie entstand aus der Kreuzung zweier chinesischer Wild-Magnolien. Das erste Exemplar Europas wurde in einem königlichen Garten in Paris gepflanzt und nach dem französischen Botaniker Pierre Magnol benannt.

Baum der Dinosaurier

Unglaublich, aber wahr: Magnolien blühten schon auf unserer Erde, als hier noch vor rund 100 Millionen Jahren die Dinos durch weite Sümpfe stapften. Auch in Europa gab es damals wildwachsende Magnolien, doch in den Eiszeiten starben sie hier aus und sind heute nur noch in Asien und Amerika beheimatet.

Prachtvolle tulpenförmige Blüten.

Rhododendron

Typisch Beliebter Gartenstrauch mit dunkelgrünen, ledrigen Blättern, der im Frühjahr auffällig blüht.

Rosenbaum Weltweit gibt es über 1000 verschiedene Arten Rhododendron. Ihr Hauptverbreitungsgebiet liegt in Asien südlich des Himalaya-Gebirges: dort kommen an halbschattigen Berghängen über 525 verschiedene Rhododendron-Arten nebeneinander vor! Weil sie so prächtig blühen und schönes, immergrünes Laub tragen, wurden die „Rosenbäume" vor 300 Jahren als Garten- und Parksträucher nach Europa eingeführt.

Rhododendron gibt es in vielen Farben.

... und noch mehr Sorten

Der Rhododendron zählt zu unseren beliebtesten Gartensträuchern und der Mensch hat aus den über 1000 ursprünglichen Arten noch viele weitere Sorten gezüchtet. Heute gibt es in Gartenmärkten weltweit über 30 000 verschiedene Sorten Rhododendron zu kaufen!

8–10 cm

Kornelkirsche

Typisch Die zarten gelben Blüten entfalten sich lange vor den Blättern.

Toll für Tiere Die gelben Blüten der Kornelkirsche sind winzig klein und stehen immer gehäuft in Dolden direkt an den Zweigen. Sie blühen schon, wenn es draußen nachts noch richtig kalt ist. Dann fliegen auch schon die ersten Hummeln und Bienen und sind dankbar für das reiche Nektarangebot. Die Kirschen der Kornelkirsche sind ein gutes Herbstfutter für Vögel und Haselmäuse – deshalb sollte ein Kornelkirschbaum in keinem Garten fehlen.

Auch als Hecke hübsch

Auch wer nur wenig Platz im Garten hat, kann sich an der früh blühenden, tierfreundlichen Kornelkirsche erfreuen, denn sie verträgt problemlos regelmäßige Rückschnitte und kann gut einfach in eine Wildstrauch-Hecke gepflanzt werden.

Diese Kirschen sind länglich und sehr sauer.

Hartriegel

Typisch Im Herbst färben sich die Blätter weinrot, im Winter sind die Zweige tiefrot.

Stinkblüten Bis 5 m hoher Strauch oder kleiner Baum. Die gelblichweißen Blüten stehen zu 20–50 dichtgedrängt in Schirmchen beieinander. Dadurch erwecken sie von Weitem den Eindruck einer einzigen, großen Blüte und können leichter von blütenbestäubenden Insekten gefunden werden. Da die Blüten viel Nektar enthalten, werden sie besonders gern von Bienen besucht. Für uns Menschen riechen die Blüten aber alles andere als angenehm!

Bei Vögeln beliebt, für Menschen ungenießbar.

Grün, rot, schwarz

Im Laufe des Sommers reifen die bestäubten Blüten zu erbsengroßen, Früchten heran, die immer zu mehreren an einem roten Fruchtstiel hängen. Zuerst sind die Früchte grünlich, später rot und zur Reife schließlich schwarzblau gefärbt.

5–10 cm

Buche

Typisch Buchen tauchen mit ihrem Laubaustrieb ab Mitte April unsere Wälder in ein lichtes Grün.

Buchen-Zeit Bis 40 m hoher Baum. Als das Klima in Mitteleuropa vor etwa 4500 Jahren noch wärmer und trockener war, da wuchsen in unseren Wäldern hauptsächlich wärmeliebende Eichen. Je feuchter und kühler das Klima wurde, desto mehr konnten sich bei uns die Buchen durchsetzen. Heute sprechen wir in Mitteleuropa von der „Buchen-Zeit“: Ohne Zutun des Menschen wäre fast unsere gesamte Landschaft heute flächendeckend von Buchenwäldern bedeckt.

Lecker Buche

Das müsst ihr im Frühling unbedingt probieren: Legt einige junge, zartgrüne, noch flaumig behaarte Buchenblätter auf ein Butterbrötchen – mmhh – köstlich! In wenigen Wochen sind die Blätter von einer derben Außenschicht umgeben und schmecken nicht mehr.

Unverwechselbar: silbergraue, glatte Rinde und Buchecker.

Heidelbeere

Typisch Heißt auch Blaubeere: Blaue Beerenfrüchte, junge Zweige scharf dreikantig und grün.

Achtung – nicht verwechseln! Bis 50 cm großer Zwergstrauch. Leider hat ausgerechnet die leckere Heidelbeere einen giftigen Doppelgänger: die Rauschbeere! Bei ihr sind junge Zweige aber nicht kantig und grün. Ihre Früchte sehen der Heidelbeere zum Verwechseln ähnlich, doch wenn du sie zerquetschst siehst du, dass das Fruchtfleisch der giftigen Rauschbeere innen farblos ist. Das Innere der wilden Blaubeere ist dagegen dunkelrot.

Mit Blüten wie kleine Glocken.

Die beste Medizin

„In der Heidelbeerzeit kann der Arzt beruhigt in die Ferien fahren" sagt ein altes Sprichwort. Denn Heidelbeeren enthalten viele wichtige Vitamine, außerdem Eisen, Kalzium, Magnesium und Gerbstoffe. So helfen die blauen Wunderbeeren gegen vielerlei Keime und Entzündungen, von Bauchweh bis zu Zahnschmerzen.

5–8 cm

Pfaffenhütchen

Typisch Achtung! Die orange-pinken Früchte sind tödlich giftig! Aber auch das Holz und die Blätter enthalten Giftstoffe. Deshalb: bitte nicht anfassen!

Rotkehlchen-Brötchen Bis 6 m hoher Strauch oder Baum. Sind die Früchte des Pfaffenhütchens reif, so springt die pinkfarbene Außenhülle in 4 Teile auf und der von orangem Fruchtfleisch umgebene Same wird frei. Für uns Menschen sind die knalligen Früchte giftig – für Vögel nicht! So kannst du im Winter häufig Rotkehlchen und Amseln dabei beobachten, wie sie die grell leuchtenden Früchte aufpicken.

Wer hat da Gardinen aufgehängt?

Natürlich keiner! So sehen Pfaffenhütchen-Sträucher aus, die von der Gespinstmotte befallen sind. Der kleine, weiße Schmetterling legt seine Eier auf die Blätter. Daraus schlüpfen Hunderte von Raupen, die Blätter fressen und sich Gespinste als Unterschlupf bauen.

Motte und ihr Gespinst.

Feuerdorn

Typisch Schwach giftig! Leuchtende Beeren und immergrüne Blätter.

Pieksige Hecken Bis 2 m hoher Strauch. Der Feuerdorn trägt seinen Namen wegen der feuerroten Früchte, die alle Farben der Feuerflammen tragen können: gelb, orange oder feuerrot. Daneben sitzen an seinen Zweigen sehr lange und nadelspitze Dornen. Sie machen den Feuerdorn zur beliebten Heckenpflanze: Wer will sich schon durch solch pieksiges Dornengestrüpp zwängen? Die Blätter des Feuerdorns sind auch im Winter grün.

So blüht der Feuerdorn.

Nicht verwechseln!

Die leicht giftigen Früchte des Feuerdorns können leicht mit den essbaren Früchten des Sanddorns verwechselt werden. Achtet immer auf die Blätter: Die Blätter des Sanddorns sind lang und schmal und graugrün bis silbrigweiß. Die Blätter des Feuerdorns sind eiförmig und dunkelgrün.

bis 10 cm

Mahonie

Typisch Ledrige und glänzende, immergrüne Blätter mit scharf dornig gezähntem Rand.

Strauch überall Bis 2 m hoher Strauch. Mahonien zählen zu den häufigsten Sträuchern an Wegesrändern in Ortschaften und auch in Parks. Trotzdem kennt lustigerweise kaum einer ihren Namen! Die Heimat der Mahonie liegt in Nordamerika, bei uns ist sie ein reiner Zierstrauch, der sich mancherorts aber auch in freier Natur ausgebreitet hat.

Die gelben Blüten stehen büschelig in aufrechten Trauben, ihre Früchte sehen aus wie blaue Mini-Weintrauben.

Mahonien-Punsch

Die Früchte der Mahonie sind supersauer. Aber lecker als Punsch: 1 Handvoll davon mit etwas Wasser kurz köcheln lassen. 1 Glas Apfelsaft, etwas Zimt und einen Löffel Honig dazugeben, kurz aufkochen und durch ein Sieb in einen Becher gießen – wärmt, schmeckt und ist gesund!

Erbsengroße, blau bereifte Beeren der Mahonie.

Stechpalme

Typisch Giftig! Immergrüne, glänzende Blätter mit sehr stacheligem Rand, manche auch ganzrandig.

Walddistel Bis 15 m hoher Strauch oder Baum, bleibt in winterkalten Gebieten aber kleiner. Stechpalmen werden häufig in Parks und Gärten gepflanzt, kommen aber auch wild in Wäldern vor, wo sie bis zu 300 Jahre alt werden können. Die Wildform ist streng geschützt, weil sie so selten ist. Mit ihren auch im Winter dunkelgrün glänzenden Blättern und den roten Früchten ist die Stechpalme ein beliebter Schmuck in Weihnachtssträußen und -kränzen.

Beliebt als Weihnachtsschmuck.

Schön aber giftig

Nordamerikanische Indianer nutzten die Beeren der Stechpalme als Rauschmittel, um sich Mut für ihre Kriegspfade zu holen. Nicht nachmachen! Schon wenige Beeren wirken tödlich giftig auf Menschen und Haustiere wie Pferd, Hund, Kaninchen und Hamster.

3–4 cm

Schlehe

Typisch Blüht weiß, bevor Blätter sich entfalten. Im Herbst mit mehlig blau bereiften Früchten.

Tierschutz-Hecke Schlehen wachsen sehr dicht und tragen mehrere Zentimeter lange und nadelspitze Dornen. Hinzu kommt, dass sich der Strauch durch unterirdische Ausläufer schnell ausbreiten kann. So bilden Schlehensträucher bald undurchdringliche, breite Hecken. Hier können Vögel unbesorgt ihre Nester bauen! Die Früchte der Schlehe sehen aus wie blaue Kirschen und sind erst nach den ersten Frösten genießbar. Am besten schmecken sie als Saft oder Marmelade.

Frühblüher

Schlehenhecken zaubern im Frühling schneeweiße, duftende Bänder in die kahle Landschaft. Die Blüten entfalten sich lange vor den grünen Laubblättern, halten aber nur kurz. Doch in dieser Zeit bieten sie reichlich süßen Nektar für früh im Jahr fliegende Insekten.

Blauschwarz und so groß wie Murmeln: Schlehenfrüchte.

Felsenbirne

Typisch Wird häufig als Zierbaum in Naturgärten, Parks und in Städten gepflanzt, wächst aber auch wild in freier Natur.

Blütenschnee im April Bis 3 m hoher Strauch. Wenn im April die Felsenbirnen blühen, so ist das nicht zu übersehen! Jeder Strauch öffnet gleichzeitig so viele weiße Blüten, dass es aussieht, als wäre er frisch mit Schnee bedeckt. Noch während der Blütezeit entfalten sich auch die Blätter: Sie sind zunächst kupferrot, verwandeln sich aber nach und nach in dunkelgrün.

Die Früchte erinnern an Heidelbeeren und sind essbar.

Süße Früchtchen

Die 1 cm großen, purpurroten Früchte der Felsenbirne sind bei Vögeln heiß begehrt. Was die wenigsten wissen: sie schmecken auch Menschenkindern großartig! Du kannst sie roh essen oder als Marmelade verkochen – vorausgesetzt, du bist schneller als die Vögel …

bis 12 cm

Wolliger Schneeball

Typisch Schwach giftig! Runzelige Blätter, die von unten wollig behaart sind, daher der Name.

Grün, rot, schwarz Bis 3 m hoher Strauch, der in lichten Wäldern und sonst eher an Waldrändern gedeiht. Sowohl seine weißen Blütenschirme als auch die Früchte könnten auf den ersten Blick mit denen des Schwarzen Holunders (Seite 74) verwechselt werden. Typisch für die Früchte ist, dass sie sich von Grün über ein leuchtendes Rot zu Schwarz umfärben. Meist hängen an einer Dolde nebeneinander rote und schwarze Früchte.

Nicht verwechseln

Damit du die schwach giftigen, reifen Früchte des Wolligen Schneeballs nicht mit den essbaren des Schwarzen Holunders (Seite 74) verwechselst, schau dem Strauch immer auch auf die Blätter: Die Blätter des Holunders sind gefiedert und stinken beim Zerreiben widerwärtig.

Reife Früchte sind schwarz.

Falscher Jasmin

Typisch Beliebter Gartenstrauch mit auffälligen, schneeweißen Blüten mit hellgelben Staubblättern in der Mitte.

Schön für Duftsträuße Bis 3 m hoher Strauch. Der Falsche Jasmin heißt so, weil seine weißen Blüten denen des Echten Jasmins ähnlich sehen, vor allem aber ähnlich schön duften. Dabei trägt der Strauch im Juni eine unglaubliche Fülle von Blüten. Sie stehen meist gehäuft zu 5–10 an den Enden der Zweige und locken mit ihrem Duft viele Bienen, Hummeln und Schmetterlinge an. Die Blütenzweige eignen sich gut für duftende Blumensträuße!

Die Blüten stehen dichtgedrängt am Zweigende.

Wo wächst der Echte Jasmin?

Der Echte Jasmin ist in China zuhause, aber in den Mittelmeerländern ist er schon lange Zeit eine beliebte Kletterpflanze an Mauern und Hauswänden. Seine Blüten duften so betörend, dass daraus Jasminöl zur Herstellung von Parfüm gewonnen wird.

bis 12 cm

Forsythie

Typisch Gelbes Blütenmeer im März, bevor die Blätter sich entfalten.

Mogelblüten Bis 3 m hoher Gartenstrauch. Forsythien (sprich: „Forsizie“) kommen ursprünglich aus China, bei uns findest du nur gezüchtete Gartensorten, die im März prächtig gelb blühen. Doch für Insekten gibt es hier weder Nektar noch Blütenstaub zu holen und Forsythien tragen im Herbst auch keine Samen oder Früchte. Deshalb zählen sie zu den ökologisch wertlosen Gartensträuchern, die nur zur Zierde dienen.

Kornelkirschen statt Forsythien

Zur gleichen Zeit wie Forsythien blühen die heimischen Kornelkirschen (Seite 36) ebenso gelb und prächtig. Doch ihre Blüten bieten reichlich Nahrung für Insekten und im Herbst machen ihre Kirschen viele Vögel satt. Kornelkirschen gedeihen auch gut in kleineren Gärten!

Gelbe Farbkleckse im Garten.

Hasel

Typisch Schon ab Februar mit Hängekätzchen und im Herbst dann mit leckeren Haselnüssen (ein tolles Rezept für eine Nuss-Schoko-Creme findest du auf Seite 10) .

Blätter nach der Blüte Bis 6 m hoher Strauch. Typisch am Hasel sind seine eiförmigen, weichen Blätter, die er aber erst nach der Blüte entfaltet. An jedem Haselstrauch findest du sowohl männliche als auch weibliche Blüten. Der Blütenstaub der Hängekätzchen wird vom Wind über weite Strecken davongetragen und kann bei empfindlichen Menschen Niesen und Atemnot hervorrufen.

Männliche, gelbe Hängekätzchen und rosafarbene weibliche Blüten.

Ein Baum mit Haselnüssen?

In Städten findest du oft an Straßen einen Baum, der Haselnüsse trägt, die aber klein sind und nach nichts schmecken. Sie stecken in besonders struppigen Hüllblättern. Er heißt „Baumhasel" und seine Nüsse werden höchstens zum Backen verwendet.

6–10 cm

Silberweide

Typisch Schmale Blätter mit silbriger Unterseite, Borke netzartig gefurcht.

Die das Wasser liebt Die Silberweide steht immer in Gewässernähe, oft bildet sie entlang von Bächen und Flüssen einen ganzen Saum. Du erkennst sie leicht an ihrer tief gefurchten, netzartigen Borke und an ihren schwertförmigen Blättern mit fein gesägtem Rand und silbriger Unterseite. Im Gegensatz zur Salweide entfaltet sie ihre Blätter bereits während der Blütezeit ihrer gelben Kätzchen.

Schnürsenkel armer Männer

Die Zweige der Silberweide sind biegsam und lassen sich zu Zäunen, Körben und allerlei mehr verflechten. Dem Baum schadet es nicht, wenn man ihn beschneidet. Als Schnürsenkel noch teuer waren, da benutzten arme Leute Weidenzweige zum Zubinden ihrer Schuhe!

200 Jahre alt wird ihr Stamm und bis zu 1 m dick.

Salweide

Typisch Gelb blühende Weidenkätzchen um die Osterzeit, erst danach entfalten sich die Blätter.

Klitzekleine Kätzchen Die Salweide zeigt uns verlässlich an, wenn es endlich Frühling wird. Denn dann öffnen sich ihre braunen Knospenschuppen und darunter kommen jetzt Hunderte pelziger Knospen zum Vorschein – jede so zart und weich wie ein kleines Kätzchen. Dieser warme Pelz schützt die Blütenknospe vor dem Erfrieren, denn es kann jetzt noch empfindlich kalt sein, besonders nachts! Bald entfalten sich die duftenden, gelben Blüten.

Die Blätter sind oval, dunkelgrün und runzelig.

Die lockt Bienen

Die Salweiden blühen schon, wenn unsere Landschaft nach dem Winter noch kahl und graubraun daliegt. Jede Salweide ist deshalb jetzt eine Oase für Bienen und Hummeln: Hier finden sie, was sie nach einem Winter ohne Nahrung brauchen: Blütennektar und Pollen!

bis 10 cm

Traubenkirsche

Typisch Früchte mit giftigen Samen! Blüten und Blätter entfalten sich gleichzeitig ab April. Blüten und Früchte wachsen in langen Trauben (Name).

Da gibt's was Süßes Bis 18 m hoher Baum oder Strauch. Die Traubenkirsche ist bei uns zuhause, kann aber leicht mit der aus Nordamerika eingeschleppten Spätblühenden Traubenkirsche verwechselt werden. Im Gegensatz zu dieser sind ihre Blätter aber viel weicher, hellgrüner und dünner. Wenn Traubenkirschen ihre Blüten öffnen, dann liegt ein schwerer, süßer Duft in der Luft. Das lockt zahlreiche Bienen und Fliegen zum Nektarnaschen herbei.

Keine Kinder-Kirschen!

Im Spätsommer sind aus den Blüten kleine, schwarze Kirschen geworden, die immer zu mehreren an einem langen Stiel hängen. Bei Vögeln sind sie ein beliebtes Obst, für Menschen sind die bitteren Beeren ungenießbar, da sie giftige Samen enthalten!

Schwarze Früchte, die in Trauben hängen.

Spätblühende Traubenkirsche

Typisch Fruchtkerne giftig! Blüht im Gegensatz zur heimischen Traubenkirsche erst ab Juni. Die Oberseite ihrer Blätter ist dunkelgrün und auffällig glänzend.

Lästiger Gast In ihrer Heimat in Nordamerika wächst die Spätblühende Traubenkirsche als stattlicher, bis zu 35 m hoher Baum mit wertvollem Holz. Deshalb pflanzte man sie vor über 200 Jahren in vielen Wäldern Europas an. Doch in unserem Klima wird daraus höchstens ein kleiner Baum oder Strauch.

Mit dunkelgrün glänzenden Blättern.

Da hilft kein Fällen

Weil die Spätblühende Traubenkirsche in unseren Wäldern oftmals strauchartig wächst, verhindert sie mit ihrem dichten Blattwerk, dass andere Bäume hier keimen können. Fällt man sie, so treibt sie bald neue Äste. Selbst kleine Wurzelreste wachsen wieder zu kompletten Sträuchern heran.

bis 15 cm

Vogelkirsche

Typisch Blüht schon, bevor sie ihre Laubblätter entfaltet. Der ganze Baum sieht dann aus wie mit Schnee bedeckt.

Wilde Schönheit Bis 30 m hoher Baum. Die Vogelkirsche ist die Wildform unserer Süßkirschen. Ihre Früchte werden nur 1 cm groß und schmecken saurer als gezüchtete Kirschen. Wenn ein Vogelkirschbaum im Frühjahr erblüht, so öffnet er gleichzeitig rund 1 Million duftender Blüten. Setzt du dich unter so eine blühende Kirsche, so hörst du das Summen und Brummen unzähliger Hummeln und Bienen, die in den Blüten Nektar trinken.

Die hängen verflixt hoch

Die Früchte der Vogelkirsche sind zwar klein, aber lecker. Da die Früchte tragenden Äste aber erst weit oben am Stamm ansetzen, ist es nicht einfach, an reife Kirschen heranzukommen. Wer wartet, bis die Kirschen richtig reif sind, hat meist das Nachsehen – auch unsere Vögel mögen sie sehr!

Ihre Früchte schmecken nicht nur Vögeln.

Kirschbaum

Typisch Kirschbäume sind das ganze Jahr über an ihrer geringelten Rinde zu erkennen.

Süß oder sauer? Bis 10 m hoher Baum. Man unterscheidet 2 Großgruppen von Kirschen: Die Süßkirschen und die Sauerkirschen. Süßkirschen sind eher hellrot und schmecken, wie ihr Name schon verrät, eher süß. Sie werden meist roh gegessen. Sauerkirschen sind dunkler rot, saftiger und enthalten doppelt soviel Fruchtsäure wie Süßkirschen. Sie entfalten ihr volles Aroma erst beim Kochen und werden deshalb gerne zu Marmelade verarbeitet.

Rinde und Blüten des Kirschbaums.

Kirschkernkissen

Ob kalte Füße oder Bauchweh – ein kleines Kissen, gefüllt mit Kirschkernen, ist ein toller Wärmflaschen-Ersatz. Einfach Kirschkerne gut abkochen, trocknen lassen und in ein Stückchen Stoff einnähen. Bei Bedarf 10 Minuten im Ofen bei 150 °C erwärmen.

Pflaumenbaum

Typisch Dunkellila Früchte mit blauem „Puderhauch“ (man nennt das „bereift“).

Ist da der Wurm drin? Bis 15 m hoher Baum. Bevor du herzhaft in eine Pflaume frisch vom Baum beißt, solltest du wissen, dass sehr viele Pflaumen „Würmer“ haben. Diese „Würmer“ sind in Wirklichkeit die Raupen eines Nachtschmetterlings mit dem Namen Pflaumenwickler. Die Falter legen ihre Eier auf Pflaumen ab, und kaum sind die Larven geschlüpft, bohren sie sich in die Pflaume und futtern sich durchs saftige Fruchtfleisch.

Natürlicher Früchteschutz

Nicht nur der Pflaumenwickler hat es auf unsere Gartenfrüchte abgesehen, auch Pflanzenläuse nisten sich bevorzugt auf Obstbäumen an. Was du dagegen tun kannst? Hänge Nistkästen für Blau- und Kohlmeisen an Obstbäume – sie vertilgen viele lästige Insekten im Obstgarten und haben kein Interesse an deinen Früchten.

Raupe und Falter des unbeliebten Pflaumenwicklers.

Birnenbaum

Typisch Blüten im Gegensatz zur Apfelblüte immer reinweiß mit auffällig dunkelroten Staubbeuteln. Schnuppere mal: Sie stinken nach Fisch!

Baum-, Strauch- oder Spalierobst Bis 15 m hoher Baum. Je nachdem, wie viel Platz im Garten ist und wie gut du klettern kannst, hast du bei Obstbäumen die Wahl: du kannst einen Hochstamm pflanzen (der Stamm ist mindestens 1,80 m hoch), einen Halbstamm (Stammhöhe zwischen 1,20 m und 1,60 m) oder einen Busch, der auch als Spalierobst an einem Rankgitter an der Hauswand gedeiht.

Birnen enthalten mehr Fruchtzucker als Äpfel.

Kleine Wild-Birnen

Unsere Birnbäume kommen so nicht in freier Natur vor. Doch es gibt auch einen Wild-Birnenbaum, der allerdings nur bis zu 3 cm große und recht harte Birnenfrüchte trägt. Genau wie beim Wild-Apfelbaum sind auch bei der Wildform der Birne die Zweige dornig.

bis 8 cm

Wild-Apfelbaum

Typisch Grün-gelbliche, runde Früchte mit einer roten Backe.

Klein, sauer, dornig Bis 10 m hoher Strauch oder Baum. Unsere heutigen Apfelbäume sind aus Wild-Apfelbäumen gezüchtet worden. Wildäpfel sind mit höchstens 4 cm Größe deutlich kleiner als unsere Kulturäpfel und roh so sauer, dass man sie eigentlich nur gekocht, gebacken oder getrocknet genießen kann. Dafür haben sie aber einen ganz besonderen Geschmack. Beim Ernten ist Vorsicht geboten, denn im Unterschied zu unseren Kultursorten tragen die Zweige des Wildapfels Dornen!

Noch mehr Wilde

Nicht nur unser heimischer Wildapfel war an der Entstehung der vielen saftigen und fruchtigen Kulturäpfel beteiligt. Auch der Asiatische Wildapfel und der Kaukasusapfel wurden vom Menschen eingekreuzt, um immer schmackhaftere Apfelsorten zu erhalten.

Blüten des Wildapfels.

Apfelbaum

Typisch Leckere Apfelfrüchte im Herbst.

Ein Apfel am Tag „Ein Apfel am Tag verscheucht die Doktorsplag" sagt ein Sprichwort, und daran ist viel Wahres! Denn in Äpfeln steckt so einiges, was unseren Körper stärkt und gesund erhält. Zum Beispiel jede Menge verschiedener Vitamine, Magnesium, Kalium und Kalzium. Weil Äpfel nebenbei noch so lecker sind, zählen sie bei uns zum meistgegessenen Obst – und Apfelsaft zu den beliebtesten Getränken.

Blüten des Apfelbaums.

Apfelschalentee

Ein Tee aus Apfelschalen stärkt die Körperabwehr und schmeckt einfach gut. Breite die Schalen ungespritzter Äpfel auf ein mit Backpapier ausgelegtes Backblech und trockne sie je nach Dicke etwa 1/2 Stunde bei 50 °C. Trocken im Schraubglas aufbewahren und nach Bedarf daraus einen Tee bereiten.

bis 10 cm

Erle

Typisch Mini-Zapfen, die das ganze Jahr über an den Zweigen hängen.

Immer am Wasser Bis 25 m hoher Baum. Wächst an Bach- und Seeufern, wobei die Wurzeln auch noch im Gewässer selbst wachsen können. Erlen kannst du das ganze Jahr über an ihren kleinen Erlenzapfen erkennen, denn auch nach dem Ausstreuen der winzigen Samen aus den Zapfen bleiben diese noch bis zum nächsten Sommer an den Zweigen hängen. Die Samen schwimmen und werden so mit dem Wasser verbreitet.

Winter-Vogelfutter

Wenn Schnee liegt, dann kannst du unter Erlen häufig ganz viele winzig kleine, dunkle Pünktchen im Schnee entdecken. Das sind die Samen, die jetzt im Winter aus den sich öffnenden Zapfen rieseln. Für Vögel wie Erlenzeisige und Stieglitze sind sie eine willkommene Winternahrung.

Blatt, Blütenkätzchen und Zapfen der Erle.

Birke

Typisch Weißer Stamm mit schwarzen Furchen, Hängekätzchen und dreieckig zugespitzte Blätter.

Die Schnellwüchsige Bis 25 m hoher Baum. Birken können an vielen Standorten wachsen, die für andere Bäume nicht geeignet sind. So kommen sie sowohl mit nährstoffarmen Sandböden in Heiden zurecht als auch mit nassen, sauren Böden in Mooren. Weil sie so unempfindlich und raschwüchsig sind, bilden Birken an unwirtlichen Standorten, wie in ehemaligen Kiesgruben, wo sich andere wenig wohl fühlen, bald dichte Wälder.

Rinde und Blütenkätzchen der Birke

Warum bist du weiß?

Je älter der Baum, umso schwarzrissiger und tiefer gefurcht wird die anfangs noch ganz glatte, weiße Rinde. Die weiße Farbe wird durch einen Stoff namens „Betulin“ verursacht und ist ein hervorragender Schutz gegen Tierfraß, Pilzbefall, Bakterien und Nässe.

15–25 cm

Linde

Typisch Steht oft einzeln, z. B. im Mittelpunkt eines Dorfes. Blüten duften extrem süß und enthalten viel Nektar.

Blätter wie Herzen Jede Linde trägt Tausende herzförmige Blätter, weshalb sie auch als Baum der Liebe gilt. Die Blüten locken im Juni zahlreiche Bienen zur Bestäubung an. Ihre kleinen, kugeligen Früchte hängen an einem trockenen Flügelblatt, das sich beim Herabfallen dreht wie ein Propeller. Schon ein leichter Windhauch genügt und die Früchte landen durch die Drehbewegung ein ganzes Stück weit vom Mutterbaum entfernt.

Lindenblütentee

Lindenblüten enthalten gesunde Schleimstoffe und ätherische Öle, die gut gegen fiebrige Erkältungen helfen. Einfach Lindenblüten auf einer sonnigen Fensterbank trocknen, in Pergamenttüten aufbewahren und bei Bedarf 1 TL mit kochendem Wasser übergießen.

Blatt von unten und oben, Früchte.

Zitter-Pappel

Typisch Rundliche Blätter auf langen Stielen. Blattunterseite heller als Oberseite.

Warum zitterst du? Zitter-Pappeln erkennst du ganz einfach schon von Weitem: beim kleinsten Windhauch „zittern“ ihre Blätter bereits. Doch sie friert nicht und hat auch keine Angst! Pappelblätter zittern, weil ihre Blätter auf sehr langen, abgeplatteten Stielen sitzen. Typisch sind die diamantförmigen Korkwarzen auf ihrer Rinde: Hier hindurch kann der Baum Luft durch die ansonsten luftdichte Rinde aufnehmen.

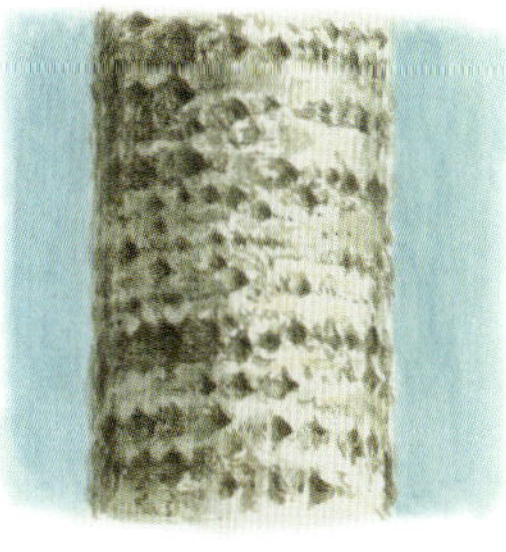

Durch die Korkwarzen atmet der Baum.

Keiner wächst schneller

In Mitteleuropa gibt es keinen Baum, der es in Punkto Wachstum mit der Pappel aufnehmen kann: Sie legt pro Jahr 1 m an Höhe zu, so dass eine 10-jährige Pappel bereits 10 m misst! Aus ihrem leichten Holz werden Zündhölzer, Toilettenpapier und Obststeigen gefertigt.

10–15 cm

Ulme

Typisch Die Blätter sind zugespitzt und unten, wo der Blattstiel sitzt, ungleich abgerundet.

Raue Blätter Wenn andere Bäume im Mai erst ihre Blätter entfalten, dann trägt die Ulme bereits reife Früchte! Denn sie blüht schon früh im Jahr, zwischen März und April. Im Juni sieht man ihre reifen, geflügelten Früchte mit dem Wind davonwehen. Ulmenblätter erkennst du auch mit geschlossenen Augen: streichle mal darüber, sie sind ganz rau. Denn jedes Blatt trägt einen borstigen Pelz aus Haaren, die alle nach vorne gerichtet sind.

Vom Aussterben bedroht

In den letzten Jahrzehnten sind in Mitteleuropa massenhaft Ulmen an der Ulmenkrankheit eingegangen. Dabei handelt es sich um einen Pilz, der von kleinen holzbewohnenden Käfern übertragen wird. Ob eine Ulme davon befallen ist, erkennst du an vertrockneten, gelblichen Blättern an den Zweigspitzen.

Die Samen sind ringsherum geflügelt.

Hainbuche

Typisch Auch im Winter noch mit braunen, trockenen Blättern an den Zweigen. Oft als Gartenhecke in Form geschnitten.

Verträgt Rückschnitte Bis 25 m hoher Baum, wächst auch als Strauch. Hainbuchen findest du im Wald häufig in Nachbarschaft von Eichen. Diese Wälder sind meist hell, warm und relativ trocken. Früher wurden die Zweige der Hainbuche geschnitten, um sie ans Vieh zu verfüttern. Da sie selbst nach kräftigen Rückschnitten schnell wieder ausschlägt, war sie hierfür besonders geeignet.

Blatt, Hängekätzchen und Flugsame der Hainbuche.

Schöner Sichtschutz

Ihre Schnittverträglichkeit machen wir uns heute noch zunutze: Viele schöne, alte Gartenhecken sind aus Hainbuchen gezogen. Da über den Winter immer noch trockenes Laub an den Zweigen verbleibt und diese Hecken bei regelmäßigem Schnitt sehr dicht wachsen, bieten sie rund ums Jahr guten Sichtschutz.

bis 30 cm

Esskastanie

Typisch Blätter ringsherum mit Stachelspitzen, im Herbst mit kugelig-stacheligen Früchten.

Grüne Igel Bis 30 m hoher Baum. Die Früchte der Esskastanienbäume nennt man auch Maronen. Sie stecken immer zu mehreren in einer grünen, stacheligen Hülle, die an einen aufgerollten Igel erinnert. Maronen sind nicht nur lecker, sondern auch sehr gesund, denn sie enthalten wertvolles Eisen und Vitamin C. In warmen Regionen Deutschlands bildet die Esskastanie regelmäßig reife Früchte aus, nicht aber im Norden.

So schmeckt's am besten

Weicht die Maronen zuerst 1 Stunde lang in Wasser ein. Dann schlitzt ihr ein Kreuz in die braune Schale (das darunterliegende , braune Häutchen muss mitgeschlitzt werden). Auf einem Backblech ab in den Ofen für 30 Minuten bei 175 °C, schälen – lecker!

Essbar ist nur der helle Kern, der in der braunen Schale steckt!

Rosskastanie

Typisch Blütenkerzen im Frühling und glatte, braune Kastanienfrüchte mit grüner Stachelhülle im Herbst.

Die hat Motten Bis 25 m hoher Baum. Jedes Kastanienblatt sieht aus wie eine Hand mit 5–9 „Fingern". Dabei sind die Finger immer zum Ende hin am breitesten. Oft sehen die Blätter vieler Kastanien im Sommer schon braun und welk aus. Dann sind sie von den Larven der Rosskastanien-Miniermotte befallen. Das sind winzig kleine Schmetterlingsraupen, die sich kreuz und quer durch Kastanienblätter fressen und damit den Baum schwächen.

Rosskastanien sind für uns Menschen schwach giftig!

Herbstliche Früchtekette

Kastanien lassen sich zu schönen Ketten auffädeln: Einfach mit dem Handbohrer ein Loch durch jede Kastanie bohren und die Früchte anschließend auf einen Draht fädeln. Besonders hübsch sieht es aus, wenn du auch Hagebutten und andere Früchte mit auffädelst.

3–5 cm

Waldrebe

Typisch Klettert mit rankenden Stielen an Bäumen und Zäunen, braucht zum Erklimmen von Mauern aber Rankgitter.

Alter Mannsbart Am auffälligsten ist die Waldrebe im Winter: Da hängt der kahle Winterwald plötzlich überall voller „Alter Mannsbärte“. So heißen die Früchte der Waldrebe, weil an den Samen lange, feine, silberweiße Haare wachsen. Mit zu Ranken umgebildeten Stielen klettert die Waldrebe empor. Im Sommer findest du an ihr unzählige weißliche Blüten, die unangenehm fischig riechen.

Teufelszwirn ...

... oder „Räucherli“ werden die Stängel der Waldrebe auch genannt. Denn früher rauchten Kinder heimlich die getrockneten Stängel. Das brannte auf der Zunge und es wurde einem speiübel und schwindlig davon – nicht nachmachen! Ein anderer Name lautet deshalb „Narrenholz“.

Blattranken und Blüten.

Besenginster

Typisch Giftig! Gelbblühender Strauch auf trockenen, sandigen Böden wie in Heiden und Dünen. Braucht viel Sonne.

Blühender Besen Bis 2 m hoher Strauch mit goldgelben Blüten. Die Zweige sind gerade und rutenförmig, grün und haben 5 Kanten. Weil sie so schön biegsam sind, wurden sie früher geschnitten, gebündelt und mit einem Stiel versehen als Besen benutzt. In kalten Wintern färben sich die Zweige oft ganz schwarz, denn sie vertragen nicht viel Frost. Doch im Frühjahr treiben die meisten Sträucher wieder grün aus.

Blüten und Früchte des Besenginsters.

Giftig für Mensch und Tier

Die Samen des Besenginsters wachsen in einer Hülse heran, die im reifen Zustand schwarzbraun ist. Diese Samen sind sehr giftig! Aber auch die Zweige und Blätter des Strauchs sind giftig und dürfen keinesfalls an Schafe, Pferde, Kaninchen oder andere Haustiere verfüttert werden!

Himbeere

Typisch Bildet oft gemeinsam mit Brombeeren stacheliges Gestrüpp auf Waldlichtungen und an Wegrändern.

Lecker im Wald ... Bis 2 m hoher Strauch mit bogenförmig überhängenden, stacheligen Zweigen. Im Frühsommer sind Himbeersträucher mit ihren unzähligen Blüten voller Nektar ein verlockender Saftladen für viele Bienen und Schmetterlinge. Im Spätsommer, wenn die Himbeerfrüchte reif sind, kommen Vögel, Mäuse, Marder und sogar Füchse, um davon zu naschen. Schon für die Steinzeitmenschen waren wilde Himbeeren ein beliebtes und häufig gesammeltes Obst.

... und im Garten!

Himbeeren sind ein feines Naschobst für eine „wilde Ecke" zuhause im Garten, auf dem Hinterhof oder im Schulgarten. Denn Himbeersträucher sind robust und anspruchslos, ihnen genügt auch ein halbschattiges Plätzchen. Im Gartencenter oder im Baumarkt bekommst du viele verschiedene Sorten, auch solche ohne Stacheln.

Fiederblatt und Blüten.

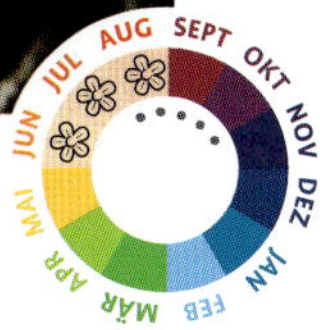

Brombeere

Typisch Blauschwarze Früchte an stacheligen Ranken.

Klettert mit ihren Stacheln Bis 3 m hoher Strauch. Brombeersträucher wachsen häufig an Waldrändern und an sonnigen Hängen. Ihre Ranken wuchern wild in alle Richtungen, oft auch am Boden, wo sie einen leicht zum Stolpern bringen. Mit ihren Stacheln können sich die Ranken gut an anderen Sträuchern festkrallen. So werden manche Sträucher ganz von Brombeeren überwachsen. Zuchtformen für den Garten werden heute meist ohne Stacheln gezüchtet.

Brombeerblüten locken viele Insekten an.

Blauschwarze Perlen

Brombeeren sind erst reif, wenn sie wirklich tief blauschwarz gefärbt sind. Meist hängen unreife (rötliche) und reife (blauschwarze) Früchte nebeneinander am Strauch. Dabei ist jede Brombeere aus vielen kleinen blauschwarzen Beeren zusammengesetzt und jede davon enthält einen winzigen Kern.

Hunds-Rose

Typisch Rosaweiße Blüten im Mai, ab September mit roten Hagebutten.

Stacheln und Fiederblätter Bis 3 m hoher Strauch mit lang überhängenden, stacheligen Zweigen, in denen man sich leicht verheddern kann. Für Rosen ist ganz typisch, dass ihre Blätter aus vielen kleineren Einzelblättchen zusammengesetzt sind. Das nennen Botaniker „gefiedertes Blatt“. Bei der Hunds-Rose bilden immer 5–7 Blättchen ein solches Fiederblatt. Die Blüten sind erst blassrosa, später verblassen sie und sind nur noch weiß.

Tee selbst gesammelt

Die eiförmigen, rotorangen Früchte der Rosen heißen Hagebutten. Sie sind reich an Vitamin C und schmecken lecker als Tee. Du musst sie dazu halbieren und die Kerne entfernen. Auf der sonnigen Fensterbank trocknen, im Glas aufbewahren und dann zwei Teelöffel davon mit kochendem Wasser übergießen.

Fiederblatt und Hagebutten.

Kartoffel-Rose

Typisch Große weiße oder rosa Blüten, runzelige Blätter aus 5–9 Fiederblättchen zusammengesetzt.

Aus Asien importiert Bis 1,50 m hoher Strauch. Kartoffel-Rosen kannst du häufig an Autobahn-Böschungen sehen und auch an Stränden von Ost- und Nordsee wachsen die Sträucher sehr häufig. Sie wurden hier überall vom Menschen gepflanzt, weil sie mit ihren langen Wurzelausläufern Böden festigen. Weil sie außerdem schön duften, pflanzen viele sie auch in ihren Garten. Die Heimat der Kartoffel-Rosen liegt im fernen Asien.

Mit großen, dickfleischigen, rundlichen Hagebutten.

Wird man nicht wieder los

Wo die Kartoffel-Rose einmal angesiedelt ist, da breitet sie sich schnell aus und verdrängt heimische Rosen und andere empfindlichere Pflanzen. Selbst Ausbaggern hilft da nicht, weil aus kleinsten Wurzelresten wieder neue Sträucher wachsen.

bis 30 cm

Schwarzer Holunder

Typisch Im Sommer mit weißen Blütenschirmen, im Herbst mit unzähligen schwarzen Früchten, die nur roh giftig sind (nicht verwechseln mit Wolligem Schneeball, S. 46).

Gegen Schnupfen Bis 10 m hoher Strauch oder Baum. Auch wenn der Schwarze Holunder weder Blüten noch Früchte trägt, kannst du ihn bestimmt erkennen: Zerreibe einfach eines seiner Blätter und schnuppere dran: sie stinken wirklich eklig! Dafür duften seine Blütenschirme umwerfend. Die schwarzen Früchte ergeben einen köstlichen Punsch, der garantiert jede Erkältung vertreibt – das Rezept findest du auf Seite 10.

Nicht roh naschen!

Holunderbeeren werden im Volksmund auch „Fliederbeeren“ genannt, obwohl sie mit dem Fliederstrauch wirklich nichts zu tun haben. Gekocht sind Holunderbeeren ein altbekanntes Heilmittel gegen Erkältungen, doch roh genossen sind sie sogar schwach giftig!

Stinkblätter und Duftblüten.

Trauben-Holunder

Typisch Die Früchte sind reif, wenn sie leuchtend orange-rot sind (vergleiche Schwarzer Holunder). Achtung! Die Kerne in den Früchten sind giftig!

Holunder der Berge Bis 5 m hoher Strauch. Im Gegensatz zum Schwarzen Holunder wächst der Trauben-Holunder bevorzugt im Hügelland und in Bergwäldern. Nur selten wirst du beide Sträucher nebeneinander finden. Während der Schwarze Holunder oft auch in Gärten wächst, wo er als natürliche Hausapotheke dient, kommt der kleinere Traubenholunder nur wild in Wäldern und Gebüschen vor.

Seine Blütenschirme sind langgezogener als beim Schwarzen Holunder.

Altes Bergwissen

Von Vögeln wie Rotkehlchen und Drosseln werden die roten Früchte sehr gern gefuttert und gut vertragen. Trotz der giftigen Kerne bereiten die Menschen der Bergregionen von jeher vitaminreichen Saft und Mus aus den Früchten – sie sieben einfach die Kerne heraus.

bis 10 cm

Goldregen

Typisch Viele leuchtend gelbe Blüten und dreigeteilte Blätter. Samen in langen Schoten. Achtung! Alle Teile des Goldregens (Blüten, Blätter und Früchte) sind extrem giftig!

Goldener Regen Bis 7 m hoher Strauch oder kleiner Baum. Wegen seiner hübschen Blütentrauben wird der Goldregen gern in Gärten und Parks angepflanzt. Jede Blütentraube besteht aus 10–30 goldgelben Einzelblüten. Und jeder Baum trägt Hunderte solcher Blütentrauben! So sieht es von weitem tatsächlich so aus, als würde Gold vom Baum herabregnen. Seine Früchte sind etwa zeigefingerlange Hülsen, in denen die giftigen Samen liegen.

Nicht anfassen!

Der Goldregen zählt zu den giftigsten Sträuchern überhaupt, darum fasst ihn am besten gar nicht an. Schon zwei seiner sehr giftigen Samen bewirken gefährliche Durchfälle und Krämpfe.

Die Samen liegen in langen, flachen Hülsen.

Robinie

Typisch Samen und Rinde sind giftig! Weiße, stark duftende Blütentrauben und stachlige Fiederblätter.

Schützt tropische Regenwälder! Das Holz der Robinie, die in unseren Breiten hervorragend wächst, ist ebenso stabil und wetterfest wie das Holz aus tropischen Regenwäldern. Es ist wesentlich dichter und damit haltbarer als Eiche und äußerst widerstandsfähig gegenüber holzzerstörenden Insekten und Pilzen. Wer bei Gartenmöbeln Robinienholz statt Tropenholz aussucht, der leistet damit einen wichtigen Beitrag zum Schutz tropischer Regenwälder.

Die Blätter tragen am Grund und an der Spitze Dornen.

Zuhause in Amerika

Robinien sind ursprünglich in Nordamerika zuhause. In Europa wächst die Art erst seit dem 16. Jahrhundert: Der berühmte französische Hofgärtner Jean Robin brachte die ersten Robinien nach Europa – nach ihm wurden sie hier demzufolge auch benannt.

bis 15 cm

Vogelbeere

Typisch Zarte Fiederblätter und weiße Blütenschirme; schon ab August mit orangeroten Früchten.

Toller Tierschutzbaum Bis 15 m hoher Baum. Vogelbeerbäume machen mit ihren Früchten viele Tiere satt: Singdrosseln, Amseln, Stare, Kleiber, Gimpel und Mönchsgrasmücken lieben die vitaminreichen Beeren. Im Winter freuen sich Rotdrosseln und Seidenschwänze über übrig gebliebene Früchte. Aber auch Säugetiere wie Siebenschläfer und Mäuse naschen gerne Vogelbeeren. Was zu Boden fällt, wird von Reh, Fuchs und Dachs verspeist.

Schmeckt nicht nur Tieren

Auch wir Menschen können Vogelbeeren essen – aber nur gekocht, roh sind die Früchte für uns schwach giftig. Geerntet werden dürfen sie nach dem ersten Frost, vorher sind sie zu bitter. Als Marmelade schmecken sie am besten.

Jedes Blatt besteht aus 9–15 Fiederblättchen.

Esche

Typisch Das Blatt der Esche sieht aus wie viele einzelne Blätter. Dabei ist es nur in 5–13 Blättchen unterteilt, die alle an einem Blattstiel hängen.

Höhenrekord Bis 40 m hoher Baum! Eschen kannst du oft schon von weitem erkennen, denn selbst im Winter hängen immer noch ihre braunen Früchte an den Zweigen. Oft bleiben sie sogar noch bis zum nächsten Sommer daran hängen. Am wohlsten fühlen sich Eschen an Flüssen und Bächen. Hier ragen sie oft weit über die anderen Bäume hinaus: Eschen zählen zu unseren höchsten Bäumen!

Blatt und typische schwarze Knospe der Esche.

Die Waffen der Römer

Die alten Römer wussten genau, wie großartig Eschenholz ist: elastisch und äußerst stabil zugleich. Sie fertigten daraus die besten Bögen, Pfeile und Speere. So soll Achilles den trojanischen Helden Hektor mit einem Speer aus Eschenholz besiegt haben.

20–50 cm

Walnuss

Typisch Die eigentliche Walnuss befindet sich in einer grünen Fruchthülle, die aussieht wie ein kleiner, unreifer Apfel.

Blätter mit Geruch Bis 25 m hoher Baum. Die Blätter des Walnussbaums kannst du schon am Geruch erkennen: zerreibst du sie zwischen den Fingern, so riecht es nach Lösungsmitteln. Beim Walnussbaum ist ein Blatt meist aus 7–9 Blättchen zusammengesetzt, die sich mehr oder weniger paarweise gegenüberstehen und alle an einem Stiel sitzen. Jedes Einzelblättchen ist an beiden Enden verschmälert.

Aus Gärten ausgebüxt

Walnussbäume sind ursprünglich nicht in Mitteleuropa zuhause. Wegen ihrer leckeren Nüsse wurden sie hier bei uns in Gärten angepflanzt. Wo das Klima ihnen gefiel, da konnten sie sich auch in freier Natur ausbreiten. Ein großer Walnussbaum kann 50 kg Walnüsse produzieren!

Unter der grünen Fruchthülle wird die Walnuss sichtbar.

Eiche

Typisch Knorriger Wuchs, tief gefurchte Borke und gelappte Blätter. Im Herbst mit Eicheln im „Eierbecher".

Baum der Tiere Bis 40 m hoher Baum. Eine einzige alte Eiche bietet über 200 verschiedenen Tierarten Nahrung und Unterschlupf. Etliche Schmetterlinge, Käfer und andere Insekten knabbern an ihren Blättern und verstecken sich in ihren Rindenspalten. Sie werden wiederum von Vögeln wie Waldbaumläufer, Kleiber und Specht gefuttert, die unermüdlich die Rinde nach Fressbarem absuchen. In Astlöchern und Höhlen finden Fledermäuse und der Waldkauz Unterschlupf.

Im Winter erkennst du Eichen an ihrem knorrigen Wuchs.

Echte Eicheljahre

Eichen tragen nur alle paar Jahre richtig viele Früchte – solche Jahre heißen „Mastjahre", weil früher dann die Hausschweine zum Fressen in die Wälder getrieben wurden. Aber auch Wildschweine, Eichhörnchen und Eichelhäher mögen die nahrhaften Früchte.

3–10 cm

Efeu

Typisch Blätter, die oben am Licht wachsen, sehen ganz anders aus als die bekannten Efeu-„Schattenblätter“.

Freeclimber Bis 30 m hoch kletternd. Der Efeu ist als einziger unserer heimischen Sträucher in der Lage, mit klebrigen Haftwurzeln an Gemäuern oder Bäumen emporzuklimmen. Befindet sich nichts zum Hochklettern in seiner Nähe, so kriecht er auch gern meterweit über den Waldboden und bildet her einen flachen Teppich aus Blättern. Dann nutzt er aber die nächstbeste Gelegenheit, um wieder hoch in Richtung Licht zu klettern.

Verkehrte Welt

Der Efeu macht es genau andersherum als alle anderen: Er blüht im Herbst und seine Früchte sind im Frühling reif. Im Herbst ist er so eine tolle Nahrungsquelle für Bienen und Wespen und seine Früchte machen von Februar bis April viele Vögel satt. Für uns sind sie jedoch giftig!

Blüten, Früchte und „Lichtblätter“ des Efeus.

Wilder Wein

Typisch Im Herbst mit leuchtend roten Blättern an Mauern und Zäunen.

Der hat Kleber Bis 12 m hoch rankender Kletterstrauch, der auch ohne Rankhilfe hohe Gemäuer erklimmt. Das schafft er, indem er einen flüssigen Klebstoff absondert, der an der Luft erstarrt. So kleben sich die Zweige Stück für Stück höher hinauf – immer in Richtung Licht – und bedecken bald schon große Flächen. Der Wilde Wein sorgt mit seiner Blätterdecke für ein angenehmes Klima im Haus und bietet gleichzeitig Nistplätze für Vögel.

Bewächst gern Gemäuer.

Nur zur Zierde!

Der Wilde Wein ist eine Zierpflanze aus Nordamerika. Im Herbst trägt er erbsengroße, schwarzblaue Früchte. Im Gegensatz zu richtigen Weintrauben sind diese Früchte nicht essbar, sondern leicht giftig! Von Vögeln werden sie allerdings vertragen und auch gerne gefressen.

bis 8 cm

Rote Johannisbeere

Typisch Bekannt als Gartenstrauch mit kugelig roten (gelegentlich auch weißen oder schwarzen) Früchten, wächst aber auch wild im Wald.

Vitamine, Kalzium und Eisen Bis 2 m hoher Strauch. Johannisbeeren zählen zu unseren wertvollsten Obstsorten, denn sie sind besonders gesund. So enthalten die kleinen, ein bisschen sauer schmeckenden Früchte viele Vitamine, Kalzium, Eisen und stärken euren Körper auf natürliche Weise. Unsere vielen verschiedenen Gartensorten werden seit 600 Jahren aus Wildformen der Johannisbeere gezüchtet.

Naschecke im Garten

Für eine Naschecke im Garten sind Johannisbeersträucher besonders gut geeignet, denn sie brauchen nicht viel Platz und schmecken roh, frisch vom Strauch, besonders lecker. Tipp: Schwarze, rote und weiße Sorten nebeneinander pflanzen und abwechselnd davon naschen.

Toll für Marmelade: Schwarze Johannisbeeren.

Stachelbeere

Typisch Unverwechselbare eiförmige, grüne (manchmal rötliche) Früchte mit „Adern".

Früchte mit Fell Bis 1,5 m hoher Strauch. Wilde Stachelbeeren sind nicht angenehm zu naschen, da ihre Früchte einen dichten Pelz aus Haaren tragen. Zudem hängen sie an sehr stacheligen Zweigen. Doch die meisten Früchte von Garten-Stachelbeeren tragen nur noch wenige Haare und die Zweige sind ohne Stacheln. Wer Stachelbeeren nicht roh essen mag, der backt daraus Kuchen oder verkocht sie zu Marmelade.

Blüten und Blätter der Stachelbeere.

Richtig gepflegt

Damit dein Stachelbeerstrauch gesund bleibt und auch im nächsten Jahr viele Früchte trägt, solltest du nach der Ernte nur 6–10 junge Triebe stehen lassen. Alle anderen schneidest du direkt über dem Boden ab. Stütze deinen Strauch mit einem stabilen Pfosten ab.

bis 12 cm

Gewöhnlicher Schneeball

Typisch Giftig! Weiße Blütenschirme im Mai, rote Beeren ab August.

Raffinierter Blütentrick Bis 4 m hoher Strauch. Schau dir mal die Blütenschirme genauer an, dann erkennst du, dass außen ein Ring größerer Blüten die kleinen Blütchen in der Mitte umgibt. Diese größeren Blüten sind nur dazu da, Insekten anzulocken. Sie besitzen aber weder Blütenstaub noch Nektar! Sind die Insekten erst aufmerksam geworden und auf der Blüte gelandet, so finden sie in den klitzekleinen Blütchen der Mitte, wonach sie suchen.

Warum heißt du „Schneeball"?

Die gezüchtete Gartenform des Schneeballs hat kugelrunde Blütenstände, die wirklich aussehen wie Schneebälle. Sie bestehen nur aus unfruchtbaren Schaublüten und bilden auch keine Früchte aus. Deshalb kann der Gartenstrauch nur über Stecklinge vermehrt werden.

Die roten Beeren sehen glasig aus.

Weißdorn

Typisch Viele weiße Blüten und viele Dornen. Rote Früchte im Spätsommer.

Vogelschutzgehölz Bis 10 m hoher Strauch oder Baum. Der Weißdorn ist einer unserer häufigsten Sträucher in freier Natur. Er wächst nicht nur häufig an Waldrändern, sondern auch in Hecken und an Straßenböschungen. Wo der Weißdorn sich ausbreiten darf, da bildet er bald ökologisch wertvolle, undurchdringliche Dornenhecken. Hier können Vögel gut geschützt Nester bauen und ihre Küken großziehen.

Die Früchte sind essbar, schmecken aber mehlig.

Gut für Tiere und fürs Herz

Im Mai und Juni durchziehen überall weiß blühende Weißdornhecken unsere Landschaft. Die Blüten ziehen Unmengen von Fliegen, Käfern, Bienen und Hummeln an. In der Medizin werden Blüten und Blätter zu Tee verarbeitet, der das Herz stärkt.

bis 10 cm

Feld-Ahorn

Typisch Seine Blätter sind fast bis zur Mitte in 3–5 Lappen eingebuchtet. Der Blattrand hat keine Zähnchen und keine Spitzen.

Fühlt sich auch in Städten wohl Bis 20 m hoher Baum. Der Feld-Ahorn ist ein recht robuster und anspruchsloser Baum, der rasch wächst, dann aber mit 5–15 m seine endgültige Höhe meist schon erreicht hat. Da er nicht allzu groß wird, ist er als Straßenbepflanzung in Städten beliebt. Auch als Bodenfestiger an Böschungen wird er gerne gepflanzt. Es gibt mehrere Zuchtformen, die in Parks wachsen.

Schau mir auf die Früchte

Unsere 3 häufigsten heimischen Ahorn-Arten lassen sich leicht anhand ihrer Früchte voneinander unterscheiden: Nur beim Feld-Ahorn stehen im Gegensatz zu Spitz-Ahorn und Berg-Ahorn die beiden Flügel der Samen fast waagerecht auseinander.

Die Blüten erscheinen zusammen mit den Laubblättern.

Berg-Ahorn

Typisch Handförmige Blätter mit gesägtem Rand, aber ohne Spitzen. Im Herbst auffallend leuchtend gelb.

Spitz, Feld oder Berg? Bis 30 m hoher Baum. Die Blätter des Berg-Ahorns sind etwa bis zur Hälfte in 5 „Finger“ unterteilt. Der Blattrand sieht gesägt aus, aber mit abgerundeten Spitzen (Spitzahorn: Spitze Spitzen an den Blatträndern, Feld-Ahorn: glatte Blattränder). Die Blüten hängen nur bei ihm in länglichen Blütenrispen herunter. Typisch für seine geflügelten Früchte ist, dass sie ungefähr im rechten Winkel zueinander stehen.

Hängende Blütenrispen und rechtwinklig abstehende Flügelfrüchte.

Baum der Berge

Der Berg-Ahorn hat seinen Namen daher, dass er hoch oben in den Bergen bis zur Baumgrenze wachsen kann, wo sonst nur noch Nadelbäume vorkommen. Du findest ihn aber auch in Wäldern im Tiefland. Daneben ist er ein beliebter Park- und Alleebaum.

Spitz-Ahorn

Typisch Blüht als einziger Ahorn vor dem Erscheinen der Blätter. Blätter meist in 5–7 Lappen unterteilt und mit weiten Bögen und Spitzen.

Volltanken, bitte! Bis 30 m hoher Baum. Wenn im April die meisten Bäume noch ganz kahl dastehen, öffnet der Spitz-Ahorn gleichzeitig Zigtausende kleiner, gelber Blüten. Die ganze Baumkrone erstrahlt nun im schönsten Gelb, da der Baum noch keine Blätter entfaltet hat. Damit ist der Spitz-Ahorn ein Magnet für früh fliegende Bienen: seine Blüten sind für die Tiere nach dem Winter eine lebenswichtige „Tankstelle“.

Nasenzwicker

Seine Früchte sind Kindern als „Nasenzwicker“ bekannt, weil sie sich perfekt mit etwas Spucke auf Kindernasen kleben lassen. Dabei sind jeweils zwei Samen mit ihren „Flügeln“ zusammengewachsen. Auf dem Flug zur Erde drehen sie sich wie ein Propeller!

Blüten und Früchte des Spitz-Ahorn.

Platane

Typisch Oft in Städten und Parks gepflanzt, leicht an ihrer abblätternden Rinde zu erkennen. Kugelige, walnussgroße Früchte baumeln an langen Stängeln.

Kein Ahorn Bis 35 m hoher Baum. Die Blätter der Platanen in unseren Städten sehen aus wie Ahornblätter. Deshalb wird sie auch oft „Ahornblättrige Platane" genannt. Doch an ihrer gemusterten Rinde erkennst du sofort, dass es kein Ahorn sein kann. Auch die kugeligen Früchte, die oft noch im Winter wie Weihnachtskugeln an den kahlen Ästen hängen, verraten die Platane.

Die Rinde löst sich in Platten ab.

Können Bäume platzen?

Im Sommer kannst du oft viele dünne Rindenplatten unter einer Platane finden. Das ist keine Baumkrankheit und auch nicht schlimm, sondern ganz natürlich. Wenn die Platane in die Dicke wächst, dann platzt ihre äußere Haut ab und darunter kommt eine neue zum Vorschein.

Wo im Buch steht was?

Bildquellen

Umschlagfotos: Frank Hecker
Die Fotos im Innenteil stammen von **Frank Hecker** mit Ausnahme der folgenden:
Hecker/blickwinkel/König: S. 22, 49; Hecker/blickwinkel/Schmidbauer: S. 30; Hecker/blickwinkel/McPhoto: S. 55; Zoonar/Lothar Hinz: S. 53.

Die Zeichnungen fertigte **Paschalis Dougalis** mit Ausnahme der folgenden: Fariba Gholizadeh: Fuchs-Illustrationen Umschlag und Innenteil. Symbole Lebensräume und Größenangaben: Stefan Dehmel.

Haftung

Die in diesem Buch enthaltenen Empfehlungen und Angaben sind von den Autoren mit größter Sorgfalt zusammengestellt und geprüft worden. Eine Garantie für die Richtigkeit der Angaben kann jedoch nicht gegeben werden. Haftung für Schäden und Unfälle wird von Autoren oder Verlag aus keinem Rechtsgrund übernommen. Der Verlag Eugen Ulmer ist nicht verantwortlich für den Inhalt von Internet-Links.

Bibliografische Information der Deutschen Nationalbibliothek
Die Deutsche Nationalbibliothek verzeichnet diese Publikation in der Deutschen Nationalbibliografie; detaillierte bibliografische Daten sind im Internet über http://dnb.d-nb.de abrufbar.

Wollgrasweg 41, 70599 Stuttgart (Hohenheim)
E-Mail: info@ulmer.de
Internet: www.ulmer.de
Umschlagentwurf: Wiebke Hengst, Ostfildern
Lektorat: Ina Vetter
Herstellung: Silke Reuter
Satz: r&p digitale medien, Echterdingen
Reproduktion: timeray visualisierungen, Herrenberg
Druck und Bindung: Litotipografia Editrice Alcione, Lavis
Printed in Italy

ISBN 978-3-8001-7755-4

Naturwerkstatt
Dein persönliches Bäumebuch

Sammelst du auch so gern? Dann sammle doch bei deinen nächsten Streifzügen durch die Natur Blätter, Blüten und auch Früchte von Bäumen und Sträuchern. Weißt du zuhause noch, welche Früchte und Blüten zu welchen Blättern gehören? Und kannst du die richtige Art hier im Bestimmungsbuch wiederfinden?

Aus deinen gesammelten Schätzen kannst du dir ein ganz persönliches Bäume- und Sträucher-Buch basteln. Dazu kannst du die Blätter einfach in einem alten Telefonbuch pressen und trocknen und anschließend auf ein Blatt Papier kleben und beschriften. Etwas künstlerischer wird es, wenn du Blattabdrücke mit Wachsstiften oder Tusche herstellst. Von den Blüten und Früchten kannst du Zeichnungen anfertigen oder vielleicht auch ein Foto machen und dazulegen.

Blätter durchrubbeln

Ganz einfach und schnell bekommst du einen Blattabdruck mit Wachsmalstiften hin. Lege das Blatt mit seiner Unterseite nach oben (so dass die hervorstehenden Blattadern nach oben zeigen) auf eine feste Unterlage und lege ein Blatt weißes Papier darüber.

Fahre mit der breiten Seite des Wachsmalstiftes vorsichtig über das Papier. Wie durch Zauberhand erscheinen nach und nach alle Blattstrukturen auf deinem Zeichenpapier.